Dieter Schulz

1949

Technik aus deinem Geburtsjahr

Du bist so alt wie der ...

Lego®-Stein

FRANZIS

Bildverzeichnis: Cover, 1, 3: 3d_kot/Shutterstock.com; 8: Henning Marquardt; 10: Andrea Raffin/Shutterstock.com; 14: imago/Imagebroker; 15: Sergey Kohl/Shutterstock.com; 16: imago/McPhoto; 17: imago/Schöning; 18: Lisina Margarita; 19, 26, 41, 43, 61: imago/United Archives International; 21: Rohde & Schwarz GmbH & Co. KG; 23: Rundfunkmuseum Cham, Michael Roggisch, München; 24: Y Photo Studio/Shutterstock.com; 25: Christian Heinz/Shutterstock.com; 29: David Harmantas/Shutterstock.com; 30, 31: Dr. Ing. h.c. F. Porsche AG; 32: U.S. Air Force; 33: Roman Kutsekon/Shutterstock.com; 35: imago/UIG; 36/37: imago/biky; 38: NASA/U.S. Army; 39: Nesusvet via Wikimedia Commons; 40: Sergey Rodovnichenko via Wikimedia Commons; 42: imago/United Archives; 44/45: AN NGUYEN/Shutterstock.com; 47: Ailisa/Shutterstock.com; 48: Kev Gregory/Shutterstock.com; 49: Marcel Kerkhof/Shutterstock.com; 50: imago/viennaslide; 51: Alexeysun/Shutterstock.com; 53: imago/teutopress; 55: Dieter Schulz; 56: imago/Marius Schwarz; 59: 3drenderings/Shutterstock.com; 62: life_in_a_pixel/Shutterstock.com; 63: imago/ZUMA/Keystone; 64: Liebherr Tower Cranes

Bibliografische Information der Deutschen Nationalbibliothek

Die Deutsche Nationalbibliothek verzeichnet diese Publikation in der Deutschen Nationalbibliografie; detaillierte bibliografische Daten sind im Internet über http://dnb.ddb.de abrufbar.

Autor: Dieter Schulz

Konzept und Produktmanagement: Florian Greßhake

Sprachlektorat: Sibylle Feldmann

Cover: Julie Kechter

Layout & Satz: Nelli Ferderer, *nelli@ferderer.de*

ISBN: 978-3-645-60623-3

Eine Zeitreise in Ihr Geburtsjahr

Jedes Jahr bringt neue technische Erfindungen, Gadgets, Highlights und Flops mit sich. Gerne erinnern wir uns zurück an die technischen Spielzeuge aus unseren Kindheitstagen, aber auch an die bahnbrechenden Entdeckungen und neuen Produkte, die das Leben für immer veränderten.

Dieter Schulz hat für Sie die technischen Highlights zusammengestellt. Lassen Sie sich entführen in die aufregenden letzten 12 Monate der 1940er-Jahre.

Liebes Geburtstagskind, ...

--- 1949 * TECHNIK AUS DEINEM GEBURTSJAHR * FRANZIS ---

FRANZIS * 1949 * TECHNIK AUS DEINEM GEBURTSJAHR * 1949 *

1949

Inhaltsverzeichnis

1949 – Zeitenwende

Diejenigen, die das Jahr 1949 erlebt haben, beschreiben es als wichtigen Wendepunkt. Zwar waren längst noch nicht alle Kriegsschäden beseitigt und es mangelte weiterhin an vielen Ecken und Enden, aber der Alltag begann sich zu normalisieren. Das Wichtigste jedoch: Die Hungerjahre waren vorbei. Die bitteren ersten Nachkriegsjahre, in denen es bei vielen – egal wie – nur ums nackte Überleben ging, hatte man überstanden. 1949 brauchte niemand mehr zu hungern. Die meisten hatten bereits ein Dach über dem Kopf – zwar selten jenes ihrer Träume, aber eines, unter dem es sich ganz gut leben ließ. Die Wirtschaft begann wieder zu laufen, und damit entstanden die dringend benötigten Arbeitsplätze. Auch der Lohn wurde mehr und reichte schon für mehr als nur für das Nötigste.

Wie schnell sich die Lebenssituation der einzelnen Menschen verbesserte, hing aber stark davon ab, wo in Deutschland sie wohnten. Denn 1949 entstanden aus der alten Heimat zwei Staaten: die BRD im Westen und die DDR im Osten. Damit verlief mitten durch Deutschland nicht nur die Grenze zwischen dem kapitalistischen und dem kommunistischen System, hier standen sich auch die erbitterten Gegner des Kalten Kriegs, die USA und die UdSSR, unmittelbar gegenüber.

1949 war darüber hinaus das Jahr großer Erfindungen. Egal, ob der erste Heimcomputer, der erste Kopierer, das UKW-Radio oder das Styropor – sie alle sollten unsere Welt noch weit in die Zukunft hinein prägen.

Timeline

11. Januar
RCA stellt die 17,5 cm große Single-Schallplatte vor. Sie wird zunächst als Konkurrenz zur LP vermarktet.

20. Februar
In Friedrichshafen kommt der deutsche Liedermacher, Musikproduzent und Autor Stefan Waggershausen auf die Welt. Zu seinen größten Hits zählen »Hallo Engel« und »Zu nah am Feuer«.

22. Februar
In Wien wird der österreichische Formel-1-Pilot und Unternehmer Niki Lauda geboren. 1975, 1977 und 1984 wird er Formel-1-Weltmeister werden. Seit 1979 ist er auch in der Luftfahrt tätig und hat mehrere Fluglinien gegründet. TV-Zuschauern ist er darüber hinaus als Formel-1-Moderator bekannt.

28. Februar
In München-Freimann wird um 16.30 Uhr der erste UKW-Sender Europas in Betrieb genommen. Er strahlt das Programm des BR aus.

1. März
Der NWDR nimmt in Hannover seinen ersten UKW-Sender in Betrieb.

2. März
Mit einer Boeing B-50A namens Lucky Lady II gelingt die erste Nonstop-Weltumrundung mit einem Flugzeug. Die Maschine landet nach 94 Stunden auf der Carswell Air Force Base im texanischen Fort Worth. Während des Flugs wird sie mehrmals in der Luft betankt.

11. März
In Bad Homburg vor der Höhe wird der deutsche Kabarettist Georg Schramm geboren. Bekannt wird er durch seine zahlreichen Soloprogramme und TV-Auftritte.

17. März
Der US-amerikanische Schauspieler Patrick Duffy kommt in Townsend, Montana, zur Welt. Das deutsche Fernsehpublikum kennt ihn in der Rolle des Bobby Ewing in der US-TV-Serie Dallas.

20. März
Die DM wird in den Berliner Westsektoren ab diesem Tag als alleiniges Zahlungsmittel akzeptiert. Damit verliert in Westberlin die bis dahin ebenfalls akzeptierte Ostmark ihre Gültigkeit.

28. April
In Garmisch-Partenkirchen wird der deutsche Skirennläufer Christian Neureuther geboren. Er wird in seiner Karriere sechs Weltcupsiege für sich verbuchen können.

30. April
Antonio Guterres kommt in Santos-o-Velho, Lissabon, Portugal, zur Welt. Er wird mehrere tragende nationale und internationale politische Ämter innehaben. Seit 1. Januar 2017 ist er der Generalsekretär der Vereinten Nationen.

2. Mai
Der deutsche Koch, TV-Koch, Gastwirt, Autor und Unternehmer Alfons Schuhbeck kommt im bayerischen Traunstein zur Welt.

5. Mai
Gründung des Europarats. In seinem Rahmen werden zwischenstaatliche völkerrechtlich verbindliche Abkommen wie die Europäische Menschenrechtskonvention (1950) abgeschlossen. Der Europarat setzt sich für demokratische Grundsätze und rechtsstaatliche Grundprinzipien ein.

9. Mai
Billy Joel, seines Zeichens Sänger, Pianist und Songschreiber, wird in der Bronx in New York geboren. Mit über 82 Millionen verkauften Alben ist er einer der erfolgreichsten Solokünstler der USA.

10. Mai
Bonn wird zur provisorischen Hauptstadt der BRD erklärt.

23. Mai
Mit der Verabschiedung des Grundgesetzes wird am 23. Mai 1949 die Bundesrepublik Deutschland gegründet. Sie umfasst das Gebiet der britischen, französischen und US-amerikanischen Besatzungszone.

5. Juni
Im britischen Cardiff, Wales, wird der Schriftsteller Ken Follett geboren. Bis heute hat er weltweit über 160 Millionen Bücher verkauft.

20. Juni
Der US-Soulsänger Lionel Richie wird in Tuskeege, Alabama, geboren. Er wird vier Grammys und einen Oscar gewinnen.

4. Juli
Der deutsche Politiker Horst Seehofer (CSU) kommt in Ingolstadt zur Welt. Von 2008 bis 2018 ist er bayerischer Ministerpräsident. Im März 2018 übernimmt er den Posten des deutschen Bundesministers des Innern, für Bau und Heimat.

10. Juli
Der VfR Mannheim wird deutscher Fußballmeister. Er gewinnt im Neckarstadion in Stuttgart vor 92.000 Zuschauern gegen Borussia Dortmund mit 3:2 nach Verlängerung.

13. Juli
Papst Pius XII. droht allen Katholiken den Ausschluss aus der Kirche an, wenn sie einer kommunistischen Partei beitreten oder kommunistische Bücher oder Zeitschriften lesen oder gar herausgeben.

29. Juli
Ende der Berliner Blockade.
Die Luftbrücke bleibt aber vorerst weiter bestehen.

14. August
Am 14. August finden in Westdeutschland die ersten freien Wahlen seit 1932 statt. Der erste Bundeskanzler der neuen BRD wird Konrad Adenauer (CDU).

17. August
In Hamburg gründet Werner Otto den Otto-Versand.

18. August
Das Unternehmen Adidas wird in Herzogenaurach gegründet.

29. August
In der Sowjetunion wird die erste Atombombe gezündet.

30. August
Der deutsche Sänger, Komponist und Musikproduzent Peter Maffay wird im rumänischen Kronstadt (Brasov) geboren. Auf sein Konto gehen unter anderem zahlreiche Nummer-1-Hits.

31. August
Der US-amerikanische Schauspieler Richard Gere wird in Philadelphia, Pennsylvania, geboren.

12. September
Theodor Heuss (FDP) wird zum ersten Bundespräsidenten der Bundesrepublik Deutschland gewählt.

23. September
Der US-Rockmusiker Bruce Springsteen kommt in Long Branch, New Jersey, zur Welt. Er zählt zu den weltweit erfolgreichsten Musikern.

1. Oktober
Der Revolutionär und spätere Vorsitzende der Kommunistischen Partei Chinas Mao Zedong ruft am 1. Oktober 1949 die Gründung der Volksrepublik China aus.

7. Oktober
Der russisch besetzte Osten Deutschlands erhält ebenfalls eine eigene Verfassung. Sie besiegelt die Geburtsstunde der Deutschen Demokratischen Republik, DDR. Ihr erster Ministerpräsident wird Otto Grotewohl.

4. November
Die erste Ausgabe der Frankfurter Allgemeinen Zeitung erscheint.

22. November
Das Petersberger Abkommen wird unterzeichnet. Es erweitert die Rechte der Bundesregierung und beendet weitere Demontagen (von Produktionsstätten) durch die Siegermächte.

Deutschland 1949 in Zahlen

Das Jahr 1949 stand ganz im Zeichen des Neuaufbaus der deutschen Gesellschaft. Heimatvertriebene aus den ehemaligen deutschen Gebieten im Osten, Kriegsheimkehrer und Flüchtlinge aus der russisch besetzten Zone wurden in der noch jungen BRD zu einem echten Problem. Hier lebten 7,7 Millionen Vertriebene, allein seit 1946 war ihre Zahl um 1,5 Millionen gestiegen.

Obwohl sich der Westen im Aufwind befand, konnten neue Arbeitsplätze nicht in der Geschwindigkeit geschaffen werden, wie sie benötigt wurden. Lag die Zahl der Beschäftigten im Westen 1946 bei fast 11 Millionen, stieg sie bis 1949 auf 13,5 Millionen an. Dagegen hatte sich die Zahl der Arbeitslosen gegenüber 1948 mit 8,3 Prozent im Jahr 1949 nahezu verdoppelt. Von der Arbeitslosigkeit waren vor allem Flüchtlinge betroffen. Für sie war es besonders schwer, eine ihrer Ausbildung entsprechende Beschäftigung zu finden. Das bedeutete für sie gleichzeitig eine Verschlechterung des Lebensstandards.

Trotz der für viele prekären Situation lag die Zahl der Beschäftigten 1949 um 11 Prozent über der von 1938, wobei besonders viele Frauen den Sprung ins Berufsleben wagten. Sie fand man primär im Gesundheitswesen und in der Verwaltung. Demgegenüber sank ihre Zahl bei den Schwerberufen, dort hatten sie die in den Krieg eingezogenen Männer ersetzt.

1949 setzte sich der Strukturwandel in Industrie und Gewerbe fort. Wegen noch immer vorhandener Kriegsschäden in der Schwerindustrie sowie Demontagen von Produktionsstätten und Beschränkungen durch die Siegermächte fanden sich im Bereich der Metallgewinnung und -verarbeitung nur wenige Arbeitsplätze. Auch in der Landwirtschaft waren 1949 weniger Menschen beschäftigt als noch ein Jahr zuvor. Diese wurden vor der Währungsreform von den Bauern oft mit Naturalien bezahlt.

Löhne

Der durchschnittliche Bruttostundenlohn eines Industriearbeiters lag 1949 bei 1,30 DM, was im Vergleich zum Vorjahr einen Mehrverdienst von über 16 Prozent bedeutete. Allerdings erhöhte sich auch die wöchentliche Arbeitszeit von 43 auf 47,3 Stunden. Dafür durften sich die Arbeitnehmer über einen Wochenlohn von durchschnittlich 61,58 DM freuen. Im Jahr zuvor waren es nur 48,25 DM.

Zwar bekamen auch Frauen 1949 mehr Geld als im Jahr davor, mit 0,83 DM Stundenlohn und 36,26 DM pro Woche bei durchschnittlich 43,8 Arbeitsstunden verdienten sie aber doch erheblich weniger.

Die beliebtesten Schlager 1949

1. Der Dritte Mann (Harry-Lime-Thema) Anton Karas
2. Maria aus Bahia Rene Carol und Danielle Mac
3. Am Zuckerhut Danielle Mac, Willy Schneider, Rene Carol
4. Schau mich bitte nicht so an Detlev Lais
5. Von den blauen Bergen kommen wir Goldy und Peter de Vries
6. Mr. Moneymaker Helga Wille und die Nicolets
7. Das kommt mir spanisch vor Johannes Heesters
8. Tausendmal möcht' ich dich küssen Johannes Heesters
9. Wer soll das bezahlen Jupp Smitz
10. Schnürlregen Lieselotte Hösl

Die meisten Titel kennt man heute dem Namen nach kaum mehr. Wenn man sie aber hört, merkt man schnell, dass sie bis heute in Erinnerung geblieben sind.

Die Besten des Jahres 1949

Motorrad-Weltmeisterschaft 1949

Die Motorrad-WM 1949 war eine in mehreren Klassen ausgetragene Rennserie.

Weltmeister:

500-cm³-Klasse:	Leslie Graham	GB	AJS
350-cm³-Klasse:	Freddie Frith	GB	Velocette
250-cm³-Klasse:	Bruno Ruffo	I	Moto Guzzi
125-cm³-Klasse:	Nello Pagani	I	FB-Mondial

Gespanne (600 cm³): Eric Oliver und Denis Jenkinson beide GB Norton

Deutscher Fußballmeister 1949

1949 sollte es noch über ein Jahrzehnt bis zur Gründung der deutschen Bundesliga dauern. Damals war die deutsche Fußballmeisterschaft die Krönung des Fußballs. An der Saison 1948/49 nahmen zehn Vereine teil. Am 10. Juli 1949 stand der VfR Mannheim als Sieger fest. Er schlug im Finale Borussia Dortmund mit 3:2 nach Verlängerung. Platz 3 sicherte sich bereits einen Tag zuvor der 1. FC Kaiserslautern gegen Kickers Offenbach mit 2:1 nach Verlängerung.

Die besten Filme des Jahres 1949

- Samson und Delilah
- Der dritte Mann
- Tatis Schützenfest
- Stromboli
- Himmel über den Sümpfen – Maria Goretti
- Bitterer Reis
- Adel verpflichtet
- Die sündige Stadt
- Der Spieler
- Ich war eine männliche Kriegsbraut

Ein paar der besten Filme von 1949 kamen erst während der 1950er-Jahre in die deutschen Kinos. Manche von ihnen werden bis heute als zeitlose cineastische Meisterwerke gefeiert.

Die Hungerjahre sind vorbei

Was noch 1948 kaum jemand für möglich gehalten hätte, wurde 1949 Realität. Die Hungerjahre waren vorbei! Selbst wenn die meisten Grundnahrungsmittel weiter rationiert blieben, gab es nun für jeden genug zu essen. Lediglich Frischfleisch und Vollmilch waren noch Mangelware. Letztere wurde nur für Kinder ausgegeben.

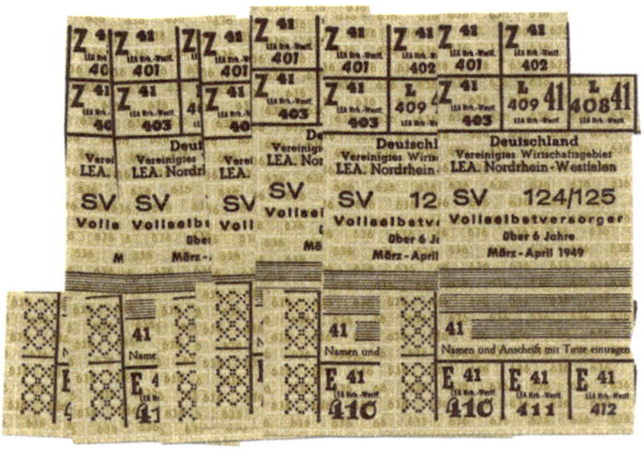

Noch stammte ein Großteil der Lebensmittel aus Importen. Die deutsche Landwirtschaft musste sich erst auf die neuen Gegebenheiten einstellen. Schließlich lagen die ehemaligen Kornkammern des Landes nun in Polen. Zudem war die Bevölkerung durch die Zuwanderung aus den ehemals deutschen Gebieten, wie Ostpreußen und Schlesien, stark gewachsen.

Erstmals seit dem Krieg waren, zumindest im deutschen Westen, 1949 auch wieder Gewürze in ausreichendem Maß und zu bezahlbaren Preisen verfügbar. Erstmals seit zehn Jahren gab es wieder Südfrüchte wie etwa Bananen zu kaufen.

Auch Bier war wieder in Friedensqualität verfügbar, wenngleich zu noch hohen Preisen. Bis 1948 hatte es nur bierähnliche Ersatzgetränke mit geringem Alkoholgehalt gegeben. Kaffee und Tee waren in ganz Europa noch Mangelware. Wegen fehlender Devisen konnten sie bislang nur in geringen Mengen importiert werden.

Arbeitstier Unimog

Er gilt, nicht nur in Deutschland, als Inbegriff eines geländegängigen Arbeitstiers und Allzweckfahrzeugs: der Unimog.

Seine Entwicklung begann bereits unmittelbar nach Ende des Zweiten Weltkriegs bei der Maschinenfabrik und Eisengießerei Boehringer im baden-württembergischen Göppingen. Ursprünglich war der Unimog für den landwirtschaftlichen Einsatz gedacht. Er sollte einerseits als Schlepper dienen und andererseits diverse landwirtschaftliche Geräte antreiben können. Auf seiner Ladefläche sollte er eine bis zu 1.000 kg schwere Nutzmasse transportieren können. Als Höchstgeschwindigkeit waren 50 km/h vorgesehen.

Im August 1948 wurde der Unimog einer breiten Öffentlichkeit vorgestellt. Die offizielle Serienproduktion des ersten Modells 70200 startete im Februar 1949. Bis 1951 wurden 600 Fahrzeuge gebaut. Danach wurde die Unimog-Produktion an Daimler-Benz verkauft.

Angetrieben wurde der Ur-Unimog von einem 18,5-kW-Reihenvierzylinder-Dieselmotor des Modells OM 636.912 von Mercedes-Benz. Das Getriebe war nicht synchronisiert. Es besaß sechs Vorwärts- und zwei Rückwärtsgänge. Die Hinterräder wurden ständig angetrieben, die Vorderräder konnten zugeschaltet werden.

Technik im Kinderzimmer

Das Jahr 1949 war die Zeit, in der die Nachwehen des Kriegs erst allmählich abzuklingen begannen. Entsprechend bescheiden sah es in vielen deutschen Haushalten mit Spielsachen aus. Ungeachtet dessen blieben in der Vergangenheit die Wünsche der Kinder über Jahrzehnte die gleichen. So stand 1949, wie auch schon während der 1930er und bis in die 1980er, eine eigene Modelleisenbahn ganz oben auf der Wunschliste. In den ersten Jahren nach Kriegsende begann sich die Spurweite H0, damals noch meist als 00 bezeichnet, zu etablieren. Mit ihr wurde die Modellbahn nicht nur kleiner, und man fand für sie leichter einen Platz, sie wurde auch preiswerter. Um 1949 waren neben bereits elektrisch betriebenen Bahnen mit Dreischienensystem auch noch Loks mit Antriebsfeder zum Aufziehen üblich.

Zu jener Zeit hatte außerdem Blechspielzeug noch Saison. Seine Vielfalt war damals allumfassend. Egal, ob Karusselle, Rummelplätze, Autos, Flugzeuge, Boote, Spielfiguren bis hin zur Puppenküche – so gut wie alles wurde als Blechspielzeug angeboten. Viele Hersteller waren in der amerikanischen Besatzungszone angesiedelt. Sogar den Vorläufer der in den 1960ern äußerst beliebten Autorennbahn gab es Ende der 1940er-Jahre bereits – natürlich mit Federaufzug und aus Blech.

Pippi Langstrumpf

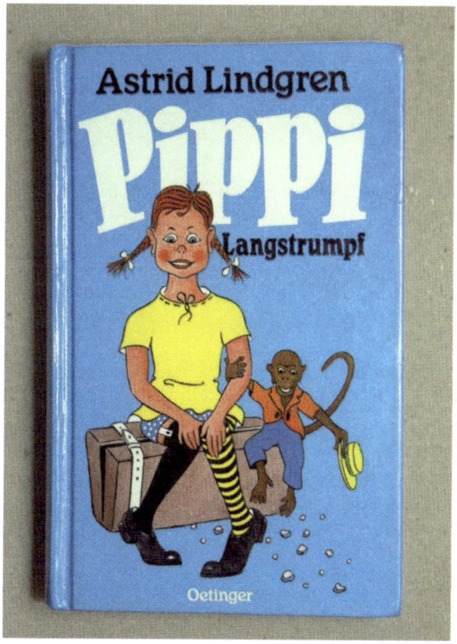

Die Erzählungen um das kleine Mädchen Pippi Langstrumpf gehören längst zu den Klassikern der modernen Kinderliteratur. Sie wurden 1944 von der schwedischen Schriftstellerin Astrid Lindgren verfasst und 1945 in Schweden erstmals als Buch veröffentlicht.

Pippi Langstrumpf verkörpert all das, was sich Kinder unter einem idealen Leben vorstellen. Tun und lassen zu können, was man will, das stärkste Mädchen der Welt zu sein, in einer kunterbunten Villa mit eigenem Pferd zu leben und einen Papa zu haben, der Pirat ist, kam zwar bei den Kindern gut an, jedoch wussten die Erwachsenen während der ersten Jahre noch wenig damit anzufangen.

Dennoch bemühte sich bereits 1949 ein deutscher Verleger um die Pippi-Langstrumpf-Geschichten und brachte 1949 das erste Pippi-Langstrumpf-Buch in Westdeutschland auf den Markt. Im deutschen Osten mussten die Kinder allerdings noch bis 1975 auf Pippi warten.

1949 bereits wurde in Schweden das erste Pippi-Langstrumpf-Buch verfilmt. In dem Schwarz-Weiß-Streifen übernahm Viveca Serlachius die Rolle der Pippi. Im Vergleich zu den späteren Verfilmungen zeigte sich die erste Pippi Langstrumpf noch ziemlich brav und bürgerlich. Dennoch machte sie bereits viele Streiche, für die wir Pippi Langstrumpf bis heute lieben.

Eiskaltes Vergnügen

Wer schon einmal auf einem zugefrorenen See eislaufen war, weiß, dass er keine perfekte Oberfläche besitzt. Auch die Eislaufbahnen werden von den Kufen in Mitleidenschaft gezogen. Seit 1949 sorgt die vom US-amerikanischen Erfinder Frank Zamboni entwickelte Eisbearbeitungsmaschine für Abhilfe. Bekannt geworden ist sie auch als »Zamboni« oder »Eismaschine«. Ihre weitere Bezeichnung »Eishobel« beschreibt die Funktion des kleinen Wagens jedoch am besten. Er besitzt an seinem Heck einen Schlitten mit einem scharfen Messer, das die oberste Eisschicht abhobelt. Unmittelbar danach wird der verbliebene Pulverschnee mit Waschwasser entfernt. Dieses füllt zudem tiefe Furchen auf und gefriert. Im letzten Arbeitsschritt wird warmes Wasser auf das Eis aufgebracht und mit einem Tuch verteilt. Durch die Wärme taut die oberste Eisschicht etwas auf, was dem aufgebrachten Wasser die Chance gibt, sich mit dem alten Eis zu einer einheitlichen Eisschicht zu verbinden. So werden auch kleinste Unebenheiten beseitigt, und es entsteht eine perfekt glatte Oberfläche.

Eisbearbeitungsmaschinen bringen nicht nur allabendlich die Eislaufbahn wieder auf Hochglanz, sie kommen auch nach jedem Eishockeydrittel zum Einsatz, um für eine perfekte Spieloberfläche zu sorgen.

Die Roller-Ikone

1949 kündigt sich in Deutschland ein Gefährt an, das sehr schnell Kultstatus erlangen sollte: die Vespa. Der Motorroller des italienischen Unternehmens Piaggio wurde zur Gänze nach dem Krieg entwickelt. Sein Erfinder Corradino D'Ascanio hatte bei der Vespa ein Fahrzeug im Sinn, das simpel aufgebaut, leicht zu fahren und sparsam sein sollte. So wurde etwa auf die Kette zur Kraftübertragung verzichtet. Die war nämlich kurz nach dem Krieg Mangelware. Außerdem sollte der Reifenwechsel so einfach wie bei einem Auto sein. Wichtig war ihm auch, dass man sich am Motor nicht schmutzig machen konnte, weshalb dieser vollständig hinter einer Verkleidung verschwand.

1949 schlossen die Hoffmann-Werke Lintorf (ein Stadtteil von Ratingen, NRW) einen Lizenzvertrag mit Piaggio ab, der es ihnen erlaubte, den Vespa-Roller für Deutschland zu produzieren. Bis 1954 wurden so etwa 50.000 bis 60.000 Vespas produziert. Zum Ärger der Italiener hatte Hoffmann die Vespa weiterentwickelt, womit der deutsche Nachbau bald besser war als das Original aus dem Süden. Die Hoffmann-Werke zerstritten sich mit Piaggio und gingen in Konkurs.

Ein neues Radiozeitalter

An der ersten großen Wellenkonferenz nach dem Krieg im Jahr 1948 durfte Deutschland nicht teilnehmen, was zur Folge hatte, dass Deutschland alle zehn bislang exklusiv genutzten Lang- und Mittelwellenfrequenzen entzogen wurden. Man musste sich künftig Frequenzen mit ausländischen Stationen teilen. Somit konnte ein Großteil der Bevölkerung den Heimatsender nach Einbruch der Dunkelheit nur noch stark gestört oder gar nicht mehr hören.

Als Ausweg sah man die Erschließung eines neuen Frequenzbereichs, der Ultrakurzwelle, allgemein als UKW bekannt. Sie besitzt im Vergleich zur Mittelwelle mehrere Vorteile. Zum einen ist ihre Reichweite begrenzt und bleibt während der Tages- und Nachtstunden gleich. Außerdem erlaubt sie eine bessere Tonqualität und ist, unter Einsatz der Frequenzmodulation, deutlich unempfindlicher gegenüber Störungen aller Art.

Um die Rundfunkversorgung auch künftig zu gewährleisten, beschloss man die Einführung von UKW. Bereits 1947 war dafür international der Frequenzbereich von 87,5 bis 100 MHz vorgesehen worden.

Die technischen Direktoren des BR und des NWDR beschlossen, die beiden ersten von Rohde & Schwarz und Telefunken gebauten UKW-Sender in München und Hannover am 1. März 1949 gemeinsam in Betrieb zu nehmen.

Auf Ersuchen des Herstellers wurde der Sender in München-Freimann jedoch schon wenige Stunden zuvor, nämlich am Rosenmontag, dem 28. Februar 1949, um 16.30 Uhr eingeschaltet. Damit war der BR die erste Sendeanstalt in Europa, die ihr Programm regulär über UKW ausstrahlte. Gesendet wurde mit einer Senderausgangsleistung von 250 Watt auf 90,1 MHz. Die Dreielement-Sendeantenne war auf einem 110 m hohen Stahlgitterturm montiert und nach München ausgerichtet.

Der NWDR startete die UKW-Übertragung seines Programms am 1. März in Hannover über einen 100-Watt-Sender auf 88,9 MHz. Der Sender war in der Pädagogischen Hochschule untergebracht.

Am 30. April folgte Radio Stuttgart auf 89,1 MHz für den Großraum Stuttgart. Ab dem 20. Mai 1949 war der NWDR auch über einen selbst gebauten 100-Watt-UKW-Sender zu hören. Zwei Monate später wurde er durch einen Lorenz-Sender ersetzt. Am 20. Juni 1949 nahm der Hessische Rundfunk in Frankfurt-Heiligenstock ebenfalls seinen ersten UKW-Sender auf 94,1 MHz in Betrieb. Im Laufe des Jahres folgten in Kassel und Nürnberg weitere UKW-Sender.

Das erste deutsche UKW-Radio

Ende 1948 hatten sich die westdeutschen Landesrundfunkanstalten für die Einführung des UKW-Rundfunks entschieden. Der erste von Rohde & Schwarz gebaute UKW-Sender wurde am 28. Februar 1949 in München-Freimann in Betrieb genommen. Der zweite R&S-Sender nahm im Juli 1949 in Nürnberg seinen Dienst auf. In der Zwischenzeit wurden in der BRD bereits weitere UKW-Sender eingeschaltet.

Sie sorgten in ihren Verbreitungsgebieten zwar für ungestörten Empfang und für eine bis dahin nicht gekannte Tonqualität, nur hatte damals niemand etwas davon – es gab dafür noch keine Radios.

Deshalb beschloss der Senderbauer Rohde & Schwarz, selbst ein solches Gerät auf den Markt zu bringen. Mit seiner Produktion wurde im April 1949 im schwäbischen Memmingen begonnen. Das Gerät trug die Typbezeichnung AM/FM Super ESF. Das 435 × 355 × 260 mm große und 9,2 kg schwere Tischgerät wurde für 485 DM angeboten. Es war für den Empfang auf Langwelle (150 bis 400 kHz), Mittelwelle (510 bis 1.610 kHz), Kurzwelle (aufgeteilt in zwei Bänder mit 5,75 bis 12,2 und 12 bis 22 MHz) und UKW (87,5 bis 100,5 MHz) vorgesehen.

Diese Radios wurden von Rohde & Schwarz sowie vom Bayerischen Rundfunk größtenteils an Politiker und weitere Persönlichkeiten verteilt. Diese sollten sich für das neue Gerät begeistern und dafür Werbung machen.

Der Senderbauer hatte damals gar nicht vor, groß in die Radioproduktion einzusteigen. Der AM/FM Super ESF diente primär dazu, UKW bekannt und populär zu machen – nicht nur bei den Zuhörern, sondern auch bei der Rundfunkgeräteindustrie. Diese hatte 1949 eigentlich gar kein Interesse daran, neue Radios zu entwickeln und herauszubringen.

Letztlich wurde sie mit einem Trick umgestimmt. Die Verantwortlichen von Rohde & Schwarz erzählten bei jeder Gelegenheit, dass sie von ihrem UKW-Radio mindestens 5.000 Stück bauen würden, was sich für die vermeintliche Konkurrenz nach einem großen Geschäft anhörte, an dem sie natürlich teilhaben wollte. Wie viele Geräte tatsächlich gebaut wurden, ist nicht bekannt, Schätzungen zufolge waren es aber maximal 500. Sie hatten jedenfalls ihren Zweck erfüllt und bildeten den Grundstock für zahlreiche weitere UKW-Radios und UKW-Adapter, mit denen bereits vorhandene Rundfunkempfänger auf UKW hochgerüstet werden konnten.

1

Currywurst

Man nehme eine Bratwurst und eine speziell zubereitete Soße aus Ketchup und Curry, und fertig ist die Currywurst. Sie wurde im Sommer 1949 in Berlin erfunden und an einem Imbissstand angeboten. Seit damals zählt sie zu den deutschen Nationalgerichten. Die Currywurst findet man auch in vielen Kantinen und sogar als Fertiggericht für den Heimverzehr.

Wem die Currywurst zuzuschreiben ist, konnte nicht restlos geklärt werden. Wichtig ist aber letztlich nur, dass sie uns bis heute köstlich schmeckt.

2

Weltbevölkerung

1949 betrug die Weltbevölkerung rund 2,6 Milliarden Menschen. Innerhalb von nur 70 Jahren hat sie sich verdreifacht. Ende 2018 wurde unser Planet von rund 7,7 Milliarden Menschen bevölkert.

3

Crusader Rabbit

Am 1. August 1949 strahlte die US-TV-Station KNBH (NBC Hollywood) mit Crusader Rabbit die erste Folge einer ausschließlich für das Fernsehen produzierten Zeichentrickserie aus. Sie handelt von einem ängstlichen Hasen, der gern ein mutiger Ritter sein möchte.

4

Lego-Bausteine

1949 kamen die Lego-Bausteine auf den Markt. Sie besaßen zwar bereits die charakteristischen Noppen an der Oberseite, ihre Unterseite war jedoch noch völlig hohl. Also waren die mit ihnen gebauten Modelle nicht stabil. Das änderte sich erst 1958, als die erste Lego-Generation von den noch heute bekannten Bausteinen mit Röhren an der Unterseite abgelöst wurde.

5 Hollywood

Der Hollywood-Schriftzug auf den Hollywood Hills über dem Stadtteil Hollywood gehört zu den weltbekannten Wahrzeichen von Los Angeles, USA. Er besteht aus 14 m hohen Buchstaben, die auf einer Länge von 137 m aufgestellt sind.

Die Buchstaben wurden bereits 1923 als Werbung für eine Maklerfirma aufgestellt, die auf den Hills Grundstücke verkaufen wollte. Sie bewarb sie mit dem Namen HOLLYWOODLAND. 1949 wurde entschieden, die letzten vier Buchstaben zu entfernen, sodass seitdem nur noch HOLLYWOOD über der Filmmetropole prangt.

6 Computer-Zukunftsvision

Amerikanische Wissenschaftler gingen 1949 davon aus, dass der Computer künftig viel kleiner werden würde. Man rechnete damit, dass die 1949 noch etwa 30 Tonnen schweren Computer irgendwann in fernerer Zukunft nur noch 1,5 Tonnen wiegen würden. Für die Wissenschaftler war damals wohl unvorstellbar, dass wir alle heute ungleich leistungsfähigere Computer in Form eines Smartphones in unseren Hosentaschen mit uns herumtragen.

7 MADDIDA

Der Magnetic Drum Digital Differential Analyzer war ein 1949 gebauter elektromechanischer Analogrechner, der mehrere Differenzialgleichungen gleichzeitig berechnen konnte. MADDIDA wurde ursprünglich für ein Atomraketenprojekt entwickelt. In ihm waren 53 Vakuumröhren und Hunderte von Germaniumdioden verbaut. Nach einigem Zögern beschloss man, den MADDIDA-Computer auch kommerziell anzubieten. Bis Ende 1952 wurden sechs Stück verkauft.

Es wird heimelig

Während in den USA schickes Wohnen und Design immer mehr an Bedeutung gewannen, spielte derlei unnötiger Luxus im Deutschland des Jahres 1949 noch kaum eine Rolle. Zwar berichteten die Hochglanzmagazine bereits über die neuesten Wohntrends, vielen Deutschen mögen diese Artikel aber wie aus einer anderen Welt vorgekommen sein.

In Europa ging es einstweilen darum, die Kriegsschäden zu beseitigen und akzeptable Wohnmöglichkeiten zu schaffen. Wichtig war ein dichtes Dach über dem Kopf. An die Form von Gebäuden oder gar an die Ausstattung der Räume wurden nur geringe Ansprüche gestellt.

Das Geld für schöne, neue Möbel, die erst allmählich wieder angeboten wurden, war ohnehin oft noch knapp. Deshalb behalf man sich, indem man Neues aus vorhandenen Resten schaffte. Funktion und Zweckmäßigkeit waren wichtig – mehr nicht.

Aber 1949 markierte auch eine Zeitenwende. Die Hungerjahre sowie Not und Elend hatte man größtenteils überwunden. Seit der Währungsreform begann die Wirtschaft wieder anzulaufen, und den Menschen ging es allgemein besser. Damit rückten auch bisherige Nebensächlichkeiten in den Vordergrund. Man wollte es schön haben, und das eigene Heim sollte wieder eine Wohlfühloase werden.

Das erkannte auch die Wirtschaft. Sie begann damit, für begehrenswertere Produkte auffällig zu werben.

Der Sportschuh-Krieg

Die Brüder Adolf und Rudolf Dassler begannen bereits zu Beginn der 1920er-Jahre in ihrer Heimat, dem mittelfränkischen Herzogenaurach, mit der Produktion von Sportschuhen, die sie exakt an die Füße einzelner Athleten anpassten. Während der folgenden Jahre entwickelten sie unter anderem spezielle Sportschuhe für Fußballer, Läufer sowie Leichtathleten und waren damit äußerst erfolgreich.

Nachdem die Sportschuhproduktion nach dem Krieg wieder angelaufen war, zerstritten sich die beiden Brüder. In der Folge gründete Rudolf Dassler 1948 die Firma Puma, am 18. August 1949 zog Adolf Dassler mit der Gründung der Firma Adidas nach. Dieser Firmenname setzte sich aus Adolfs Spitznamen Adi und den ersten drei Buchstaben des Familiennamens zusammen. Am selben Tag ließ sich Adolf Dassler auch die bis heute markanten drei Adidas-Streifen patentieren.

Um den Streit der beiden Dassler-Brüder auf die Spitze zu treiben, hatten nicht nur beide Firmen ihren Hauptsitz im bayrischen Herzogenaurach, sie boten auch das gleiche Sortiment an Sportschuhen an. Jeder versuchte, den anderen auszustechen, was die Qualität der Schuhe beider Marken enorm steigerte. Zu den ersten großen Adidas-Erfolgen zählte das Wunder von Bern, in Adidas-Schuhen wurde Deutschland 1954 Fußballweltmeister.

Die längsten Tunnel des Jahres

Die längsten Tunnel der Welt

RANG	TUNNEL	LAND	LÄNGE	BAUZEIT	ART
1	Simplontunnel Röhre 1	Schweiz/ Italien	19.803 m	1898–1905	Eisenbahn-tunnel
2	Simplontunnel Röhre 2	Schweiz/ Italien	19.823 m	1912–1921	Eisenbahn-tunnel
3	Apenninbasis-tunnel	Italien	18.510 m	1923–1934	Eisenbahn-tunnel
4	Gotthard-tunnel	Schweiz	15.003 m	1872–1882	Eisenbahn-tunnel
5	Lötschberg-tunnel	Schweiz	14.612 m	1907–1913	Eisenbahn-tunnel
6	Mont-Cenis-Tunnel	Frankreich/ Italien	13.657 m	1857–1871	Eisenbahn-tunnel
7	Neuer Kaska-dentunnel	USA	12.547 m	1925–1929	Eisenbahn-tunnel
8	Arlbergtunnel	Österreich	10.650 m	1879–1884	Eisenbahn-tunnel
9	Moffat-Tunnel	USA	9.997 m	1925–1928	Eisenbahn-tunnel
10	Kvineshei-tunnel	Norwegen	9.065 m	Fertigstel-lung 1944	Eisenbahn-tunnel

Die längsten Tunnel Deutschlands

RANG	TUNNEL	ORT	LÄNGE	BAUZEIT	ART
1	Nord-Süd-Tunnel	Berlin	5.884 m	1934–1939	S-Bahn-Tunnel
2	Zugspitztunnel	Bayern	4.466 m	1928–1930	Eisenbahn-tunnel
3	Alter Kaiser-Wilhelm-Tunnel	Rheinland-Pfalz	4.205 m	1874–1877	Eisenbahn-tunnel
4	Schlüchtener Tunnel Röhre 1	Hessen	3.995 m	1909–1914	Eisenbahn-tunnel
5	Fahrnauer Tunnel	Baden-Württemberg	3.169 m	Fertigstel-lung 1890	Eisenbahn-tunnel

Amerikanischer Eisenbahnstolz

Die dieselelektrische Lokomotive der Baureihe F7 wurde vom US-amerikanischen Lokomotivhersteller General Motors Electro-Motive Division von 1949 bis 1953 in zwei Versionen gebaut. Die sogenannten A-Einheiten waren mit einem Führerstand ausgestattet, die B-Einheiten nicht. Diese sahen in etwa wie Waggons aus. In Nordamerika werden bis zu sieben Loks vor Güterzüge gespannt, und alle werden von der vorderen A-Einheit gesteuert. Von der F7 wurden 2.366 A- und 1.483 B-Einheiten gebaut. Damit war sie bis weit über die 1950er-Jahre hinaus die in Nordamerika verbreitetste Lokomotive.

Dank ihrer stromlinienförmigen Eleganz wurde die F7 weithin bekannt und für lange Zeit der Inbegriff amerikanischer Eisenbahnen. Wir konnten sie zwar nicht live erleben, sie ist uns jedoch bereits in unzähligen amerikanischen Spielfilmen und Hochglanzmagazinen begegnet. Und stets vermittelte sie uns: Ich bin groß, mächtig und stolz.

Meist wurde die F7 vor Güterzüge gespannt, aber auch für Personenzüge wurde sie eingesetzt. Je nach Getriebeübersetzung lag ihre Höchstgeschwindigkeit bei 105 bis 160 km/h. Die Lok hatte einen 16-Zylinder-Zweitakt-Dieselmotor mit einem Hubraum von 148,66 Litern. Er wirkte als Generator, der den Gleichstrom für den Antrieb der vier Fahrmotoren lieferte. Der Treibstofftank nahm 4.542 Liter Diesel auf.

Von der F7 sind nur noch wenige Exemplare erhalten geblieben.

Porsche 356

Nach dem Ende des Zweiten Weltkriegs lag die europäische Autoindustrie am Boden, zum einen weil die Fabriken zerstört waren, zum anderen weil es an Rohstoffen mangelte. Vor diesem Hintergrund entstand in Gmünd im österreichischen Kärnten eine Legende, die bis heute fasziniert.

Bereits 1944 war Porsches Konstruktionsbüro aus Stuttgart wegen zunehmender Bombenangriffe dorthin umgesiedelt worden. In einer schlichten Baracke wurden eine Werkstatt und eine Spenglerei untergebracht.

Getrieben von der Begeisterung, einen neuen Sportwagen zu schaffen, entstand in akribischer Handarbeit der Porsche 356. Begonnen mit der Entwicklung hatte Ferry Porsche bereits, während Ferdinand Porsche noch in Kriegsgefangenschaft war, fertigstellten sie den Wagen gemeinsam. Das Design stammt von Erwin Komenda, dem schon der Käfer sein unverwechselbares Aussehen zu verdanken hat. Dass der Käfer Pate für den ersten echten Porsche stand, ist kein Zufall. Geld und Material waren knapp. Deshalb galt es, bei der Entwicklung dieses alltagstauglichen Sportwagens so viele Teile wie möglich von der gerade angelaufenen Käfer-Produktion einzuplanen. So fand sich im 356 der Original-Motorblock des Käfers, der allerdings modifiziert worden war.

Mit erhöhter Verdichtung und Solex-Vergasern konnte die Leistung von 25 auf 35 PS gesteigert werden. Außerdem wurden im 356 das Chassis sowie Lenkung und Getriebe, Radaufhängung und Bremsanlage des VW verbaut. Eine Eigenentwicklung ist indes der Gitterrohrrahmen mit Aluminiumkarosserie. Der Motor wurde vor der Hinterachse eingebaut, sodass der 356/1 einen Mittelmotor hatte.

Am 15. Juni 1948 erteilten die britischen Militärbehörden dem Porsche 356/1 eine Einzelgenehmigung für Testfahrten mit dem amtlichen österreichischen Kennzeichen K 45 286.

Obwohl der erste Porsche 356 schon für damalige Verhältnisse keinesfalls übermotorisiert war, überzeugte er von Beginn an mit überragenden Fahreigenschaften. Bereits im August 1948 konnte der neue Sportwagen bei einem Straßenrennen den Sieg für sich verbuchen.

Auf dem Genfer Autosalon 1949 wurde der 356 als Coupé und als Cabriolet erstmals einer breiten interessierten Öffentlichkeit präsentiert. Zu dem Zeitpunkt war der Motor erneut verbessert worden und lieferte 40 PS.

Das Serienmodell des Porsche 356 hatte anders als der Prototyp eine Stahlkarosserie. Außerdem wanderte der Motor hinter die Hinterachse, was mehr Komfort in der Fahrgastzelle bedeutete. Der Verkaufspreis lag bei 9.950 DM.

Der Riesenvogel

Am 26. Mai 1949 nahm mit der Convair XC-99 eines der größten Flugzeuge seiner Zeit seinen Dienst auf. Das militärische Transportflugzeug war bereits 1942 von der U.S. Air Force in Auftrag gegeben worden. Zum Erstflug der von der Consolidated Vultee Aircraft Corporation gebauten Maschine kam es aber erst 1947. Zwei Jahre später wurde der Prototyp von der Air Force in Dienst gestellt. Nachdem es nach Kriegsende keinen Bedarf mehr für außergewöhnlich große Transportflugzeuge gab, blieb es bei diesem Einzelstück.

Die Convair XC-99 war eine Weiterentwicklung des B-36B-Langstreckenbombers (Peacemaker). Die Tragflächen und die Triebwerke wurden von der B-36 übernommen. Neu war ein äußerst geräumiger Rumpf. Er war derart überdimensioniert, dass der Frachtraum der XC-99 bei der Zuladung der maximal zulässigen Nutzlast zur Hälfte leer blieb. Das Oberdeck des Transportflugzeugs nahm 400 Mann auf.

Die Convair XC-99 besaß sechs Kolbenmotor-Propellertriebwerke von je 2.611 kW Leistung. Sie waren mit Schubpropellern ausgestattet, deren Propellerflügel an der Rückseite der Tragflächen angebracht waren. Als sich erste Materialermüdungen an der Maschine abzeichneten, wurde sie 1957 stillgelegt. Es gab längst besseren Ersatz für sie.

TECHNISCHE DATEN			
Länge:	55,6 m	Max. Zuladung:	45 t
Spannweite:	70,1 m	Triebwerke:	6
Höhe:	17,5 m	Triebwerkstyp:	P&W R-4360-41 28-Zylinder-Maschine mit 2.611 kW
Leergewicht:	61,47 t	Höchstgeschwindigkeit:	495 km/h
Max. Startgewicht:	145,46 t	Reichweite:	13.000 km
Besatzung:	5 + 5 Reserve	Dienstgipfelhöhe:	9.150 m
Passagiere:	400		

Weiß und leicht

Styropor® hat seine Erfindung einem Zufall zu verdanken. Eigentlich war der im Stammwerk der Badischen Anilin- und Sodafabrik, heute BASF, beschäftigte Chemiker Fritz Stastny auf der Suche nach einem effektiven Isoliermaterial für Kabel.

Im Zuge seiner Experimente lagerte er am 1. Dezember 1949 eine klare Lösung auf Basis des Kunststoffs Polystrol bei 80 °C in einem Wärmeschrank. Dies sollte nur für wenige Stunden sein. Allerdings vergaß der Wissenschaftler am Abend darauf, das Material aus dem Schrank zu nehmen. Über Nacht hatte sich ein starrer Schaumstrang gebildet. Anfangs hatte Stastny keine Ahnung, wofür sich dieses Material einsetzen lassen könnte. Dass ihm aber eine große Entdeckung gelungen war, dessen war er sich von Beginn an bewusst.

Styropor® besteht aus weißen Schaumstoffkugeln, die zu 98 Prozent Luft enthalten. Damit ist das Material nicht nur sehr leicht, sondern auch einfach zu bearbeiten. Außerdem besitzt es eine hohe Druckfestigkeit und ist unempfindlich gegenüber Feuchtigkeit, Säuren und Laugen. BASF stellte Styropor® 1952 der Öffentlichkeit vor. Bald darauf begann sein weltweiter Siegeszug.

Heute ist Styropor® allgegenwärtig, etwa als Verpackungsmaterial sowie als Bau-, Dämm- und Isolierstoff.

Fernsehen 1949

Im Jahr 1949 begann das Fernsehen, in Europa Fuß zu fassen. Im Großraum Paris gab es bereits seit Oktober 1944 regelmäßiges Fernsehen nach der deutschen 441-Zeilen-Vorkriegsnorm. Ende 1948 startete zudem ein zweiter TV-Sender in Paris, der dasselbe Programm mit der neuen französischen 819-Zeilen-Norm ausstrahlte. Das Bild war laut Zeitzeugen nicht nur kontrastreicher, sondern bot auch eine Schärfe, wie man sie vom Kino gewohnt war.

Die britische BBC hatte ihren vorerst nur in der Region London ausgestrahlten TV-Dienst im Juni 1946 wieder aufgenommen, und im niederländischen Eindhoven strahlte das Philips Experimentele Televisie seit März 1948 dreimal in der Woche ein Versuchsprogramm aus.

Am 16. Juni 1949 wurde in Moskau ein neues Fernsehzentrum in Betrieb genommen. Damit wurde das bislang in Moskau ausgestrahlte mechanische Fernsehen durch elektronisches TV ersetzt.

Im Juni nahm auch der erste Fernsehsender Dänemarks in Kopenhagen seinen Sendebetrieb mit einem 100-Watt-Sender auf. Man nutzte bereits die 1948 beim NWDR entwickelte Gerber-Norm mit 625 Zeilen. Dieser TV-Standard wurde in Europa und vielen Ländern der Welt bis zum Ende der Analogausstrahlung (Deutschland ab 2003) eingesetzt.

Im September 1949 startete die italienische RAI einen Fernsehtestbetrieb in Turin. Die Studioeinrichtung und der Sender stammten aus den USA. Parallel arbeitete man mit dem französischen Fernsehen zusammen. Die Italiener testeten über mehrere Monate die französische 819- und die amerikanische 525-Zeilen-Norm und zogen letztere der französischen vor.

In Großbritannien nahm die BBC am 17. Dezember 1949 in Sutton Coldfield bei Birmingham den stärksten TV-Sender der Welt in Betrieb. Seine Sendeleistung betrug 50 kW ERP.

1949 wurde zudem in Mexiko die erste TV-Lizenz vergeben, und in Kuba startete ebenfalls ein Fernsehversuchsprogramm. Die unangefochtene Nummer eins blieben aber bis auf Weiteres die USA. Dort waren am 1. Januar 1949 50 TV-Sender in Betrieb. In New York konnte man bereits fünf verschiedene Programme empfangen, in Chicago vier, in Los Angeles und Philadelphia drei. Für TV-Zuschauer außerhalb der großen US-Ballungsräume wurden 1949 erstmals auch TV-Antennenverstärker angeboten. Mit ihnen konnte man bis zu 150 km entfernte Stationen empfangen. Den hohen Stellenwert des US-Fernsehens unterstrich am 25. Januar 1949 auch die erstmalige Verleihung des Emmy Award.

Deutschland musste 1949 bis zum Start des heimischen Fernsehens noch drei Jahre warten.

Ton auf dünnem Draht

Erste Tonaufzeichnungsgeräte wurden schon während der frühen 1930er-Jahre entwickelt. Anfangs nutzte man ein Stahlband. Zu den Ersten, die solche Geräte einsetzten, gehörte die britische BBC. Auf einem rund 1,6 km langen Stahlband mit 10 kg Gewicht ließen sich 20 Minuten Programm speichern.

Noch in den 1930ern begann man, Aufnahmegeräte mit dünnen Metalldrähten für den Heimgebrauch zu entwickeln. Federführend dabei waren die USA. In Deutschland brachten indes die Techniker von Telefunken das Tonbandgerät, Magnetofon genannt, zur Perfektion. Ungeachtet dessen, wurde auch in Deutschland das Projekt Drahttongerät verfolgt. Bei Schaub Lorenz lief dessen Entwicklung bereits 1940 an.

Zeitgleich mit den ersten Tonbandgeräten brachte Schaub Lorenz 1949 das Recordphone T22 auf den Markt, das auch als Supraphon bekannt wurde. Damals war noch keineswegs klar, welches System das Rennen machen würde, denn in Sachen Tonqualität hatte der Draht eindeutig die Nase vorn.

Dennoch hatte das Drahttongerät gegenüber dem Tonband viele Nachteile. Auf Draht konnte man nur in Mono aufnehmen. Außerdem konnte man ihn, etwa für Reportagen, nicht schneiden, und die Bedienung war kompliziert. Bereits Mitte der 1950er-Jahre wurde die Produktion von Drahttongeräten wieder eingestellt.

Das T22 vereinte das Beste, was man 1949 in Sachen Unterhaltungselektronik überhaupt bekommen konnte. Das 67 × 47 × 37 cm große Tischgerät wog 31 kg und kostete rund 1.750 DM, was etwa sieben Monatsgehältern oder einem Drittel des Kaufpreises eines VW Käfers entsprach.

Auf den ersten Blick sah das Recordphone T22 aus wie ein typisches Radio jener Tage. Es war für den Empfang auf Lang-, Mittel- und Kurzwelle ausgelegt. Für guten Klang sorgte ein 18 cm großer Lautsprecher.

Die wahren Highlights des Geräts befanden sich unter einem verschließbaren Deckel an der Oberseite. Darunter befand sich ein Plattenspieler für 78er-Schellackplatten. Daneben war das Drahttongerät eingebaut. Der Tondraht war auf einer kleinen Spule aufgewickelt und wurde während der Wiedergabe von einer Rille im Plattenteller aufgenommen. Das Drahttongerät konnte vom Radio, vom Plattenspieler oder von einem Mikrofon aufnehmen. Pro Sekunde passierten 62 cm des 0,1 mm dicken Drahts den Tonkopf. Für eine Stunde Aufnahmekapazität musste der Draht etwa 2,2 km lang sein.

Das Vermächtnis der V2-Rakete

Deutsche Ingenieure um Wernher von Braun entwickelten bis 1942 die weltweit erste voll funktionsfähige Großrakete mit Flüssigkeitstriebwerk. Die A4, besser bekannt als V2, begeisterte in technischer Hinsicht die USA und die Sowjetunion so sehr, dass sie unmittelbar nach Kriegsende alles an deutscher Raketentechnik sowie die deutschen Techniker, derer sie habhaft werden konnten, in ihre Länder verfrachteten.

Dort arbeiteten die Ingenieure weiter an der Verbesserung ihrer V2-Rakete, jetzt zwar in amerikanischem oder sowjetischem Auftrag, aber immer noch unter strengster Geheimhaltung. 1949 wurden in Ost und West gleich mehrere Raketenentwicklungen erfolgreich gestartet, die nüchtern betrachtet nichts anderes waren als modifizierte V2-Raketen.

Bumper-Rakete

Die amerikanische Bumper stellte bei ihrem ersten erfolgreichen Start am 24. Februar 1949 einen Höhenrekord von 393 km auf. Die Rakete ist auch als »RTV-G-4« bekannt. Sie war die erste mehrstufige Rakete,

die mit flüssigem Treibstoff angetrieben wurde. Die erste Stufe bestand aus einer nach dem Zweiten Weltkrieg erbeuteten Original-V2-Rakete, auf deren Spitze eine zweite, deutlich kleinere WAC-Corporal-Rakete aufgesetzt wurde. Beide Raketen wurden für diesen Einsatz modifiziert. Von acht Starts waren nur drei erfolgreich.

R1- und R2-Rakete

Die sowjetische R1-Rakete war ein detailgetreuer Nachbau der deutschen V2. Ihr Erstflug fand bereits am 17. Oktober 1948 statt. Sie konnte einen 785 kg schweren konventionellen Gefechtskopf bis zu 270 km weit tragen. Die R1 blieb nicht nur bis 1952 im Dienst, auf ihr basierte auch die R2, deren erster Testflug im September 1949 erfolgte. Sie war somit nichts anderes als eine Weiterentwicklung der deutschen V2. Ihre Reichweite lag bei 600 km. Im Westen war die R2 unter der NATO-Bezeichnung »SS-2 Sibling« bekannt. In der Sowjetunion blieb die R2 bis 1953 im Einsatz. 1957 wurde ihre Technologie nach China exportiert, sodass letztlich auch die ersten chinesischen Raketen auf deutscher Technologie basierten.

Viking-Rakete

Die US-amerikanische Viking-Rakete war ebenfalls eine Rakete auf Basis der V2. Die einstufige Höhenforschungsrakete wurde, genauso wie ihr deutsches Vorbild, mit flüssigem Sauerstoff und Alkohol angetrieben. Sie wurde zwischen 1949 und 1957 14-mal erfolgreich gestartet. Mit einer Viking-Rakete erreichten die USA 1950 erstmals den Weltraum.

Die erste sowjetische Atombombe

Die Entwicklung der sowjetischen Atombombe wurde vom staatlichen Verteidigungskomitee bereits im September 1942 beschlossen. Nach anfänglichen Fehlschlägen brachte man unmittelbar nach Kriegsende an die 300 deutschen Atomwissenschaftler sowie alles an greifbarem Material der bisherigen deutschen Atomentwicklung in die Sowjetunion. Parallel beschafften russische Geheimagenten einen Großteil der Pläne zur ersten amerikanischen Atombombe.

Die erste sowjetische Atombombe trug den Namen RDS-1. Sie war ein Nachbau der amerikanischen Atombombe Fat Man, die am 9. August 1945 über dem japanischen Nagasaki abgeworfen worden war. Die RDS-1 wurde am 29. August 1949 bei einem oberirdischen Test in 30 m Höhe auf dem Atomwaffentestgelände Semipalatinsk, heute Kasachstan, gezündet. Die Bombe hatte eine Sprengkraft von 22 kT, was ebenfalls dem amerikanischen Original entsprach.

Der Test sollte geheim bleiben. Doch ein US-Wetterbeobachtungsflugzeug des Typs WB-29 entdeckte bei seinem Rückflug aus Japan radioaktive Teilchen in der Luft. Diese verrieten den USA, dass die Sowjetunion ihre erste Atombombe gezündet hatte.

Der 29. August 1949 gilt somit als der Beginn des nuklearen Wettrüstens während des Kalten Kriegs zwischen Ost und West.

Die Berliner Luftbrücke

Ende des Zweiten Weltkriegs wurde Deutschland zwischen den vier Besatzungsmächten aufgeteilt: Der Osten fiel an die Sowjetunion und der Norden an Großbritannien, der Westen an Frankreich und der Süden an die USA. Ferner war vereinbart worden, Berlin gemeinschaftlich zu verwalten. Mit Ausbruch des Kalten Kriegs vertraten die Sowjets vermehrt die Auffassung, Berlin stünde ihnen allein zu. Deshalb versuchten sie, die Westmächte zum Abzug aus Berlin zu bewegen. Dazu hatten sie bereits mehrere Male kurz die Versorgungswege nach Berlin blockiert.

Zur vollständigen Blockade Westberlins kam es schließlich ab dem 24. Juni 1948. Nicht nur die Stromzufuhr wurde unterbrochen, auch alle Bahn- und Straßenverbindungen sowie Wasserwege wurden gesperrt. Um die Westsektoren nicht aufgeben zu müssen, wurde die Versorgung der 2,2-Millionen-Einwohner-Stadt ausschließlich über Flugzeuge beschlossen. Die Luftbrücke startete am 26. Juni 1948 und wurde bis zum 12. Mai 1949 aufrechterhalten. Nach Westberlin wurden Nahrungsmittel, Kohle und Baustoffe geflogen. Im Durchschnitt landete alle drei Minuten eine Maschine auf dem Flughafen Berlin Tempelhof. Jede Maschine erhielt nur 30 Minuten, um sie zu entladen und wieder startklar zu machen. Im Durchschnitt wurden pro Tag an die 5.000 Tonnen Güter in die Stadt geflogen. Den Rekord hielt der 16. April 1949 mit 12.849 Tonnen.

Nachdem die Sowjets die Blockade Berlins am 12. Mai 1949 aufgegeben hatten, wurde die Luftbrücke reduziert und am 30. September 1949 offiziell für beendet erklärt.

Der dritte Mann

Im noch stark vom Krieg zerstörten Wien wurde der britische Thriller »Der dritte Mann« nach dem gleichnamigen Buch von Carol Reed gedreht. In düsterem Schwarz-Weiß schildert er, wie der amerikanische Schriftsteller Holly Martins (Joseph Cotton) bei seinem Besuch in Wien erfährt, dass sein Freund Harry Lime (Orson Welles) bei einem Verkehrsunfall ums Leben gekommen sein soll. Bei eigenen Recherchen ergeben sich Ungereimtheiten. Lime wird unter anderem zur Last gelegt, mit gestohlenem und gestrecktem Penicillin gehandelt zu haben, das bei Kindern Hirnhautentzündungen hervorgerufen haben soll.

Martins taucht in die Wiener Unterwelt ein und wird letztlich von seinem tot geglaubten Freund verfolgt. Die Suche nach Harry Lime endet schließlich in einer Verfolgungsjagd durch die Kanalisation Wiens.

»Der dritte Mann« gilt als zeithistorisches Dokument, unter anderem weil er wie kein anderer Film das Leben im durch vier Besatzungszonen geteilten Wien zeigt. Weltberühmt wurde der Thriller aber durch seine Titelmelodie, die als Harry-Lime-Thema weltbekannt wurde. Es wurde von dem österreichischen Komponisten, Zitherspieler und Gastwirt Anton Karas nicht nur komponiert, sondern auch eingespielt. Sein Lied ist eines der akustischen Wahrzeichen Wiens geworden.

1984

Im Juni 1949 erschien der von George Orwell im Jahr zuvor geschriebene düstere Zukunftsroman »1984«.

Darin haben sich nach einem Atomkrieg im Jahr 1965 drei die Erde beherrschende Supermächte gebildet: Ozeanien, Eurasien und Ostasien. Sie befinden sich in einem ständigen Kriegszustand, wobei der Krieg nur um des Krieges Willen geführt wird.

Die Bevölkerung lebt in einem totalen Überwachungsstaat. Jeder wird überall und jederzeit mit Teleaugen und Mikrofonen überwacht, auch in den eigenen vier Wänden. Bereits geringste Vergehen werden geahndet. Individualität ist ebenso verboten wie zwischenmenschliche Beziehungen. Allein der Staat bestimmt über Vergangenheit, Gegenwart und Zukunft. Nur er gibt vor, was richtig und was falsch ist, und nur er rückt sich die Wahrheit so zurecht, wie er sie braucht.

Mit »1984« wollte der Autor die Menschen wachrütteln und ihnen vermitteln, dass es in ihrer Hand läge, wie die Zukunft sein würde. Obwohl »1984« bereits vor 70 Jahren veröffentlicht wurde, ist der Roman heute aktueller denn je. Denn zumindest der totalen Überwachung sind wir heute schon sehr nahe. Die zahllosen installierten Überwachungskameras und das Erstellen von Bewegungsprofilen anhand der von uns mitgeführten Handys sind nur zwei Beispiele dafür.

Zeitschriftenwelt

Die fortschreitende Normalisierung des deutschen Alltags machte sich 1949 auch an den Zeitungskiosken bemerkbar. Ein Großteil der heute noch bekannten wöchentlich oder 14-tägig erscheinenden Magazine hatte ihren Ursprung in den späten 1940ern. Egal ob »Constanze«, die »Neue Post« oder »Der Stern«, sie alle gab es 1949 erst seit wenigen Monaten. Andere Magazine, wie die »Revue«, »Die Frau« oder die »Neue Illustrierte«, kamen bereits 1946 auf den Markt.

Zu einer Zeit, in der es in Deutschland noch kein Fernsehen gab und selbst Radio längst noch nicht in allen Haushalten vorhanden war, waren Zeitschriften das wichtigste Informations- und Unterhaltungsmedium. So berichtete etwa die »Neue Illustrierte« 1949 von dem Ort, an dem die erste Atombombe fiel, über Nachbarschaftshilfen über die innerdeutsche Grenze hinweg und über Autolotsen, die an Autobahnausfahrten Fremden mit Stadtplänen und Adressbüchern weiterhalfen.

Eine Sonderrolle nahm zu jener Zeit das Magazin »Heute« ein. Es wurde ab 1945 von der US-Militärregierung herausgegeben und lässt sich heute ohne Weiteres als Propagandamagazin einstufen. »Heute« brachte den Deutschen den American Way of Life näher, zudem bot es unter anderem die deutsche Übersetzung der US-Verfassung. 1949 hatte »Heute« seine Aufgabe schon fast erledigt. 1951 wurde es vom Markt genommen.

Ganz groß waren damals schon Frauenzeitschriften. Darin wurde alles behandelt, was die Frau interessierte. Zu den wichtigsten Themen zählten aktuelle Modetrends und Berichte über die Welt der Reichen und Schönen. Außerdem vermittelten die Magazine eine Zeitenwende im Leben der Frauen. Die Zeit, in der sich Frauen nur für den Haushalt zu interessieren hatten, war vorbei. Die Nachkriegszeit brachte auch eine Emanzipationswelle mit sich, die das Selbstbewusstsein der Frauen ohne Zweifel gestärkt hat. Dennoch wurden auch jene bedient, die sich in der alten Frauenrolle noch wohlfühlen. Bereits alles über den Inhalt sagte der Titel der Zeitschrift »Wir Hausfrauen« aus. In ihr ging es allerdings nicht nur um Kinder, Heim und Herd, es wurde auch der Bereich Frau und Beruf aufgegriffen – damals durchaus eine Notwendigkeit, denn schließlich mussten die im Krieg gefallenen oder noch in Gefangenschaft befindlichen Männer in der Berufswelt nach wie vor durch Frauen ersetzt werden.

Natürlich wurde 1949 auch schon das Segment der Erwachsenenzeitschriften bedient. Ihre Titel verrieten allerdings kaum, was in ihnen steckte. »Mensch und Natur« etwa war ein FKK-Magazin.

Hefte wie das »Filmpost Magazin« und die »Film Revue« berichteten über aktuelle Filmproduktionen sowie über Klatsch und Tratsch rund um Stars. Daneben waren Reisemagazine beliebt. Reportagen aus der für Deutsche vorerst noch unerreichbaren fernen weiten Welt luden zum Träumen ein, wobei neben Fernzielen auch Reisedestinationen in Deutschland vorgestellt wurden.

Der erste kommerzielle Kopierer

Das Funktionsprinzip des Kopierers wurde von dem Amerikaner Chester F. Carlson und dem Österreicher Otto Kornei bereits in den späten 1930ern entwickelt und zum Patent angemeldet. Die erste Fotokopie entstand am 22. Oktober 1938. Lange blieb diese Erfindung unbeachtet. 1947 kaufte der Fotopapierhersteller Haloid Company das Patent und brachte 1949 das erste kommerzielle Kopiergerät auf den Markt. Es trug die simple Bezeichnung »Model A«, war aber auch als Oz Box bekannt. Die Haloid Company wurde 1961 in Xerox umbenannt.

Genau genommen handelt es sich beim Kopieren um Elektrofotografie, es ist also eine gewisse Nähe zur Sofortbildfotografie vorhanden. Es wurden mehrere Kopierverfahren entwickelt, jenes in Model A genutzte wird als Xerografie bezeichnet.

Hauptbestandteil dieses Verfahrens ist eine große, geerdete Platte aus lichtelektrischem Halbleitermaterial, das bei Lichteinwirkung elektrisch leitend wird. Die Platte wird zunächst im Dunkeln elektrostatisch aufgeladen, sodass Toner an ihr haften bleibt. Im Zuge des Kopiervorgangs fällt der Toner von den hellen Stellen der anzufertigenden Kopie wieder ab. Damit der an der Platte haftende Toner anschließend auf der Kopie haften bleibt, wird diese erwärmt.

Die Computer-Vision

In seinem ersten Buch »Große Gehirne, oder Maschinen, die denken« aus dem Jahr 1949 beschrieb der US-amerikanische Informatiker Edmund C. Berkeley die Grundlagen, wie man selbst einen nur etwa 0,1 m^3 großen Computer bauen könnte.

Simon, so der Name Name des Computers, basierte auf Relaistechnik. Seine Programmierung beziehungsweise die Befehlseingabe erfolgte über einen 5-Kanal-Lochstreifen. Alternativ standen am Gerät fünf Tasten zur Verfügung. Die Signalausgabe wurde mittels fünf Lämpchen realisiert. Die Maschine beherrschte nur einfache Additionen sowie das Ändern des Vorzeichens, sie konnte von zwei gegebenen Zahlen die größere erkennen und hatte eine Art von Was-wäre-wenn-Funktion.

Simon wurde nie industriell gefertigt. Stattdessen wurde sein Bauplan von 1950 bis 1951 in der Zeitschrift Radio Electronics veröffentlicht. Die für seinen Bau erforderlichen Komponenten kosteten rund 600 US-Dollar. Der erste funktionierende Simon-Heimcomputer wurde an der Columbia University gebaut.

Rückwirkend betrachtet, fasziniert Berkeley vor allem, weil er schon damals voraussah, wie sehr Computer in unser Leben eingreifen würde. Ihm war klar, dass wir sie eines Tages in unseren Wohnungen haben würden. Unter anderem sah er auch voraus, dass wir über sie unsere Geldgeschäfte erledigen und Schulkinder mit ihrer Hilfe Informationen für ihre Hausaufgaben bekommen würden. All das ist heute Realität.

Der Beginn des Jet-Zeitalters

Am 27. Juli 1949 startete das erste in Serie gebaute Strahlverkehrsflugzeug der Welt zu seinem Erstflug. Die britische de Havilland DH 106 Comet besaß vier Strahltriebwerke, die in die Tragflächenwurzeln integriert waren.

Das Flugzeug war ursprünglich für 36 Passagiere und vier Besatzungsmitglieder im Cockpit vorgesehen. Bei Bedarf konnten jedoch Sitze für bis zu 60 Fluggäste installiert werden.

Als erste Fluggesellschaft erwarb die britische BOAC, British Overseas Airways Corporation, die Vorläuferin der heutigen British Airways, die Passagiermaschine. Sie war auch an der Entwicklung der Maschine beteiligt und führte mit ihr am 2. Mai 1952 den ersten Passagierflug mit einem Düsenstrahlflugzeug durch. Dank der für damalige Verkehrsflugzeuge extrem hohen Geschwindigkeit ließen sich die Flugzeiten drastisch reduzieren.

Nachdem zwischen 1953 und 1954 drei der ersten Comet-Flugzeuge abstürzten, wurde zeitweise ein Flugverbot über sie verhängt.

TECHNISCHE DATEN			
Erstflug:	27. Juli 1949	Länge:	28,6 m
Bauzeit:	1951 bis 1964	Spannweite:	35 m
Stückzahl:	16	Reichweite:	2.415 km
Reisegeschwindigkeit:	ca. 740 km/h	Maximales Startgewicht:	47.620 kg
Schubkraft:	4 x 22,2 kN	Besatzung (Cockpit):	4
Maximale Einsatzflughöhe:	12.900 m	Passagiere:	36 bis 60

Die »Kotztüte«

Viele Reisende kennen das Problem der Reiseübelkeit. Vor allem während eines Flugs oder bei längeren Autobusfahrten rebelliert der Magen gern einmal und lässt, oft unerwartet schnell, das dringende Bedürfnis aufkommen, den Mageninhalt über den Mund zu entleeren. Dies erfolgt über den seit Jahrzehnten gebräuchlichen Spuckbeutel, im Volksmund auch »Kotztüte« genannt. Er wurde bereits zur Frühzeit der Fliegerei bei Übelkeit benutzt.

1949 erkannte der Erfinder Gilmore T. Schjeldahl das Problem der frühen Spuckbeutel. Sie waren nicht wasserdicht und somit nur bedingt für ihr Einsatzgebiet geeignet. Deshalb versah er die Innenseite des Spuckbeutels mit einer Kunststoffschicht. Damit blieb in der Tüte, was drin bleiben sollte. Das traf auch auf die üblen Gerüche zu, nachdem der volle Beutel verschlossen wurde.

Spuckbeutel wurden unter der Bezeichnung Air Sick Bags erstmals von der US-Fluglinie Northwest Orient Airlines eingesetzt.

Heute gibt es Spucktüten in verschiedenen Formaten. Die Standardgröße beträgt 125 × 237 × 72 mm und hat ein Fassungsvermögen von rund 2,4 Litern. Spucktüten gehören zur Standardausstattung eines jeden Flugzeugsitzes.

Das neue Gesicht der Städte

Durch Bombenangriffe waren viele deutsche Städte arg in Mitleidenschaft gezogen worden. Damit war Wohnraum über viele Jahre rar. Dementsprechend war man an einem möglichst schnellen Wiederaufbau interessiert. Viele Städte bekamen so ein neues Gesicht – ein modernes und praktisches, wie man dachte. Gewohnt wurde fortan nicht mehr in den Stadtzentren selbst, sondern am Rand, wo es schon ein wenig grün war. Die Arbeitsplätze waren aber weiterhin in den Innenstädten angesiedelt. Während der Planung und Errichtung bedachte man nicht, dass diese neuen Verhältnisse ein gesteigertes Verkehrsaufkommen nach sich ziehen würden. Dass dafür auch Straßen und zunehmend Parkplätze benötigt würden, darauf kam man erst, als es schon zu spät war.

Besonders schade war auch, dass einige vom Krieg verschont gebliebene Kleinstädte diesem Beispiel folgten. Sie schleiften ihre im Laufe der Jahrhunderte gewachsenen Bauten freiwillig und ersetzten sie durch charakterlose Zweckbauten. Dabei wurde nicht nur so manches kulturelle Kleinod zerstört, man hatte sich auch der Chance beraubt, vom langsam aufstrebenden Tourismus zu profitieren.

Schulalltag

Von einem normalen Schulalltag war man 1949 noch weit entfernt. Vielerorts mangelte es an intakten Schulgebäuden und -möbeln sowie an Unterrichtsmitteln. Woran es aber ganz besonders fehlte, waren Lehrer. Viele waren vom Krieg nicht heimgekehrt oder befanden sich noch in Gefangenschaft.

Um den Schulbetrieb dennoch halbwegs aufrechterhalten zu können, wurden die Kinder in bis zu vier Schichten vom selben Lehrer unterrichtet. Wer wann Schule hatte, richtete sich nach der Altersgruppe. Außerdem waren Klassen mit bis weit über 70 Schülern keine Seltenheit. Um zumindest die Raumnot in Grenzen zu halten, wurden Schulen sogar in ehemalige Kasernen verlegt. An weiterführenden Schulen hingegen blieben die Geschlechter weiter strikt getrennt.

Woran es 1949 ebenfalls mangelte, waren zeitgemäße Lehrpläne. Noch wurde nach den Reichslehrplänen von 1938 unterrichtet, wobei es an den Lehrern war, diese soweit es ging vom nationalsozialistischen Gedankengut zu befreien.

In Hamburg wurde am 2. September 1949 ein Gesetz zur Schulreform verabschiedet. Es sah eine sechsjährige Grundschulzeit und ein 13. Schuljahr für wissenschaftliche Oberschulen vor.

Das erste deutsche Nachkriegsauto

Auf dem 19. Genfer Autosalon im März 1949 wurde mit dem Borgward Hansa 1500 der erste nach dem Krieg konstruierte deutsche Wagen vorgestellt. Die Mittelklasselimousine wurde ab Oktober desselben Jahres in Bremen in Serie produziert.

Der Wagen fiel durch seine damals futuristisch anmutende stromlinienförmige Ganzstahlkarosserie auf. Bei ihr waren bereits, wie ab den 1960ern allgemein üblich, die Kotflügel in die Seitenteile integriert worden. Eine Neuheit stellten auch die vorne angeschlagenen Türen und die Blinker dar. Zuvor war der Fahrtrichtungswechsel noch mit mechanischen Winkern angezeigt worden. Der Borgward Hansa 1500 wurde als Limousine, Kombi und Cabrio, jeweils in mehreren Varianten, angeboten. In seiner Grundausstattung als Zweitürer kostete er im Jahr 1949 7.600 DM. Von ihm wurden bis 1954 rund 23.000 Stück gebaut. Alle Modellvarianten zusammengerechnet, gingen vom Hansa etwa 35.000 Einheiten vom Band, was ihn letztlich nur zu einem mäßig erfolgreichen Auto machte.

FAHRZEUGDATEN			
Typ:	Borgward Hansa 1500	Radstand:	2.600 mm
Modell:	Limousine	Leergewicht:	1.120 kg
Baujahr:	1949–1954	Antriebsart:	Hinterrad
Länge:	4.450 mm	Höchstgeschwindigkeit:	121 km/h
Breite:	1.620 mm	Verbrauch:	8,7 Liter/100 km
Höhe:	1.560 mm		

Der Motor

In seiner ersten Version wurde der Borgward Hansa mit einem 35 kW starken Otto-Reihenmotor ausgeliefert. Das 1,5-Liter-Aggregat war mit hängenden Ventilen ausgestattet, die über eine seitliche Nockenwelle über Stoßstangen und Kipphebel betätigt wurden.

Im 1949er-Modelljahr besaß der Hansa 1500 ein auf die Hinterräder wirkendes Vierganggetriebe mit Mittelschaltung. Ab Ende 1950 wurde er mit einer Lenkradschaltung ausgeliefert. Gleichzeitig wurde die Motorleistung auf 38 kW erhöht. Als Borgward Hansa 1800 wurde er auch mit einem 1,8-Liter-Benzin- oder -Dieselmotor und einer Leistung von bis zu 66 kW ausgeliefert.

Obwohl der Wagen über 120 km/h schaffte, entwickelte er seine besten Fahreigenschaften zwischen 70 und 90 km/h. Darüber hinaus mangelte es ihm etwas an Bodenhaftung. Seine komfortable Innenausstattung sprach Sportwagenfahrer ohnehin weniger an. Der Borgward Hansa liebte es eher gemächlich. So ließ sich auch am besten mit seiner oft etwas hakenden Viergangschaltung umgehen.

MOTORDATEN			
Zylinder:	4	Bohrung:	72 mm
Takte:	4	Hub:	92 mm
System:	Otto-Reihenmotor	Leistung:	35 kW
Hubraum:	1.498 cm^3		

Die Single erobert die Welt

Am 11. Januar 1949 präsentierte das US-Unternehmen RCA Victor die 17,5 cm große Single-Schallplatte. Man wollte damit ein kompaktes Schallplattensystem etablieren, das etwa die gleiche Spielzeit hatte wie eine 25 cm große Schellackplatte. Pro Single-Seite ließ sich eine Spielzeit von etwa fünf Minuten realisieren, was man als ideale Länge erachtete, da sich die meisten Musikstücke sinnvoll in Fünf-Minuten-Segmente aufteilen ließen. So konnten auch längere klassische Werke mit automatischen Plattenwechslern am Stück wiedergegeben werden. Vorgesehen war, die Single in buchartigen Schubern zu verkaufen, wie es bereits bei den Schellacks allgemeine Praxis war. Der damals dafür geprägte Name »Album« wird auch heute noch genutzt.

Maximal ließen sich auf einer Single-Seite acht Minuten unterbringen. Dazu musste der Rillenabstand auf ein Minimum reduziert werden, was die Plattenoberfläche im Gegenzug empfindlicher machte. Selbst kleinste Kratzer wirkten sich darauf bereits fatal aus. Sie sorgten entweder dafür, dass die Platte während der Wiedergabe hängen blieb oder dass ein Teil übersprungen wurde.

Die Single wollte sich ganz bewusst von der konkurrierenden Langspielplatte abgrenzen. Deshalb verpasste man ihr statt des bislang üblichen 7 mm großen Mittellochs eines mit 38,1 mm Durchmesser. Außerdem wurde die Single – statt der 33 Umdrehungen pro Minute der LP – mit 45 Umdrehungen pro Minute abgespielt, was der Single gegenüber der LP sogar einen Vorteil bei der Tonqualität bescherte.

Dennoch waren sich LP und Single sehr ähnlich. Beide wurden aus etwa gleich dickem PVC gefertigt und waren somit ziemlich robust. Außerdem setzte man bei der Rillengestaltung auf die gleiche Struktur. Auch ihre Drehrichtung war dieselbe.

All das hinderte die Industrie aber nicht daran, beide Plattenformate als konkurrierende Systeme zu vermarkten. Der Grund dafür war, dass es bis etwa Mitte der 1950er-Jahre keine Plattenspieler gab, die beide Geschwindigkeiten beherrschten. Diese Zeit wurde als Plattenkrieg beziehungsweise als Battle of Speeds bekannt.

Erst mit der Zeit erkannte man, dass sich LP und Single ideal ergänzten. Eine Single kostete nur etwa ein Viertel einer Langspielplatte und ließ sich also auch mit Taschengeld finanzieren. Damit sprach sie vor allem die Jugend an. Selbst heute werden noch vereinzelt Singles veröffentlicht.

Die Bahn verliert an Bedeutung

Im vierten Jahr nach Ende des Zweiten Weltkriegs normalisierte sich das Alltagsleben zunehmend. Das traf auch auf das Verkehrswesen zu. Die Reichsbahn bekam im September 1949 in Westdeutschland einen neuen Namen und hieß fortan Deutsche Bundesbahn. Gleichzeitig übernahm sie die Zuständigkeit für das 30.738 km umfassende Streckennetz im Bundesgebiet. Davon waren rund 18.000 km nur eingleisig. Die Elektrifizierung lag mit 1.593 km gerade einmal bei 5 Prozent.

In den Jahren zuvor war das Eisenbahnwesen von den drei westlichen Besatzungsmächten jeweils nur in ihren Zuständigkeitsgebieten verwaltet worden, was mit erheblichen Beeinträchtigungen bei Fahrten zwischen den Zonen verbunden war. Damit war nun Schluss. Mit der Einführung des Sommerfahrplans am 15. Mai wurden die Reisezeiten um durchschnittlich ein Viertel reduziert. Der Grund dafür lag in der Anhebung der Höchstgeschwindigkeit auf den Hauptstrecken von 85 km/h auf 100 km/h. Des Weiteren wurden die Ankunfts- und Abfahrtszeiten der Züge so aufeinander abgestimmt, dass beim Umsteigen geringere Wartezeiten anfielen. Besonders die bislang üblichen Nachtaufenthalte an Umsteigebahnhöfen konnten weitgehend vermieden werden.

Trotz der Attraktivitätssteigerung fuhren immer weniger Menschen mit der Bahn. Im Vergleich zu 1948 ging der Personenverkehr um etwa 21 Prozent zurück. Die Bundesbahn verlor ihre Kunden an den Straßenverkehr. Obwohl Treibstoff noch immer rar war und der private Autoverkehr noch vielen Beschränkungen unterlag, wurde der Pkw immer häufiger genutzt. Immerhin fuhren täglich weiterhin an die 1,33 Millionen Menschen mit der Bahn und legten im Durchschnitt 23,03 km mit dem Zug zurück.

Dafür legte die Bahn im Gütertransport weiter zu. 1949 wurden 82 Prozent der 1936 beförderten Gütermenge transportiert. Ein Jahr zuvor waren es rund 78 Prozent. Die durchschnittliche Güterversandweite lag bei 190 km.

Explosionskatastrophe in Prüm

Im nordwestlich der rheinland-pfälzischen Stadt Prüm befindlichen Kalvarienberg befand sich ein ausgedehntes Bunkersystem. Darin lagerte die französische Besatzungsarmee nach Kriegsende um die 700 Tonnen Munition ein.

Nachdem es am 15. Juli 1949 zu einem Brand im Bunker gekommen war, wurde gegen 19 Uhr die Feuerwehr alarmiert. Sie konnte jedoch nicht weit genug in den Bunker vordringen, um das Feuer zu löschen. Immerhin gelang es, die meisten Einwohner Prüms zu warnen und zu evakuieren. Um 20.22 Uhr explodierte das Munitionsdepot und riss einen bis zu 50 m tiefen und 190 × 90 m großen Krater in den Boden. Dabei wurden etwa 350.000 m^3 Gestein und Bunkertrümmer in die Luft geschleudert, die auf die Kleinstadt niedergingen. Prüm wurde zu 90 Prozent zerstört. Die gesamte Infrastruktur, wie Wasserversorgung und Telefon, brach zusammen. Auch die Straßen waren zum Großteil zerstört.

Bei der Explosionskatastrophe kamen 12 Personen ums Leben, 15 weitere wurden teils schwer verletzt, und 965 verloren ihre Häuser und Wohnungen.

Die Ursache der Explosionskatastrophe ist bis heute ungeklärt. Die Vermutung, es könnte sich um Sabotage gehandelt haben, hielt sich bis in die jüngste Vergangenheit. Prüm wurde entgegen anders lautender Empfehlungen am ursprünglichen Ort wieder neu aufgebaut.

Crashtest-Dummy

Der Legende nach hatte der Autoverkehr sein erstes Todesopfer am 31. August 1869 zu beklagen. Damals wurde die Wissenschaftlerin Mary Ward von einem Dampfwagen geschleudert und anschließend überrollt.

Spätestens in den 1930er-Jahren hatte man erkannt, dass Personen in den Fahrgastzellen damaliger Autos bei Unfällen nur unzureichend geschützt waren. Um die Fahrzeuge sicherer zu machen, musste man genau wissen, welche Verletzungen die Unfallopfer erleiden könnten. Armaturbretter aus Hartmetall und etwa der Flug durch die Windschutzscheibe ließen den Gedanken aufkommen, dass Autounfälle einfach nicht überlebbar seien.

Um Fahrzeuge sicherer zu machen, wurden zum einen Forschungen mithilfe von Leichen angestellt. Einige Entwickler suchten für erste Tests Freiwillige. Beide Vorgehensweisen brachten aber nur unzureichende Resultate.

Die zündende Idee kam schließlich der US-amerikanischen Firma Sierra Engineering Co. Sie entwickelte für die US-Luftwaffe einen ersten Crashtest-Dummy für Tests von Gurten und Schleudersitzen. Er hatte eine Größe von 1,85 m und die Figur eines Mannes.

Seit 1949 wurden Crashtest-Dummys laufend weiterentwickelt. Der heute am häufigsten verwendete Dummy ist 1,75 m groß und wiegt 78 kg, was einem durchschnittlichen männlichen Autofahrer entspricht. Daneben stehen den Autotestern Dummys von 1,88 m Körpergröße und 101 kg Gewicht zur Verfügung. Zierliche Frauen werden von einem 54 kg schweren und 1,52 m großen Crashtest-Dummy abgedeckt. Die Dummy-Familie wird durch drei verschiedene Kindergrößen mit 16,2 kg für drei Jahre, rund 23,5 kg für sechs Jahre und etwa 35 kg für zehn Jahre komplettiert.

Moderne Dummys sind mit zahlreichen Sensoren ausgestattet, die kritische Zonen wie Kopf, Nacken, Brust und Beine überwachen.

Um bei Crashtests vergleichbare Resultate zu erhalten, sind die Dummys standardisiert. Das erlaubt das Auswechseln einzelner Teile. So kann ein Dummy mehrfach eingesetzt werden, was aufgrund des Stückpreises von ca. 150.000 Euro sinnvoll ist.

Crashtest-Dummys haben das gesamte Verkehrswesen für uns Menschen sicherer gemacht. Sie helfen seit nunmehr sieben Jahrzehnten, unter anderem Autos und Flugzeuge sicherer zu machen. Damit haben sie einen unschätzbar hohen Beitrag geleistet, Menschenleben zu retten. Viele von uns, die bereits an einem Verkehrsunfall beteiligt waren, haben ihr Überleben letztlich den Crashtest-Dummys zu verdanken!

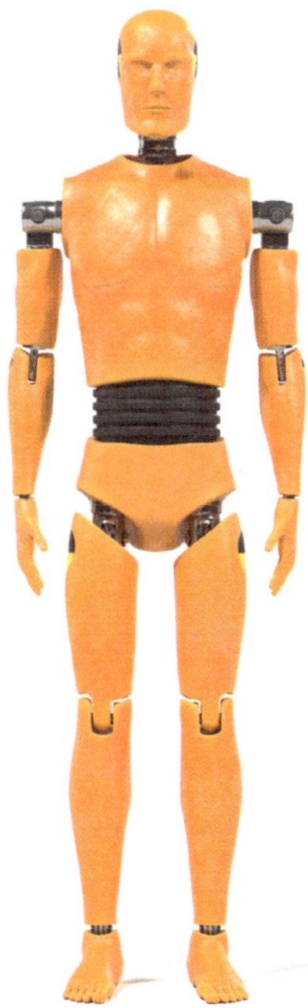

512 Wörter Rechenleistung

Von 1947 bis 1949 entwickelte der britische Informatiker und Physiker Maurice V. Wilkes mit seinem Team im mathematischen Labor an der Universität von Cambridge einen Hochleistungsrechner auf Röhrenbasis. Sie nannten ihre Maschine Electronic Delay Storage Automatic Calculator. Es war weltweit der zweite programmierbare Computer, der regulär eingesetzt wurde. Seine ersten Programme führte er am 6. Mai 1949 aus. Mit ihnen erstellte er unter anderem eine Liste von Primzahlen. EDSAC blieb bis 1958 im Einsatz. Er verbrauchte pro Stunde 11 kW Strom.

Der Computer besaß weder eine Tastatur noch einen Bildschirm, Rechenbefehle wurden über fünfzeilige Lochstreifen eingegeben, und die Ausgabe erfolgte über einen Fernschreiber. Der Hauptspeicher bestand anfangs aus 512 Zellen mit einem Speichervermögen von je 18 Bit. In der Praxis konnten jedoch nur je 17 Bit genutzt werden. Während der frühen 1950er-Jahre wurde die Speicherkapazität verdoppelt. Intern arbeitete EDSAC mit Binärzahlen, wobei jede Zahl 17 oder 35 Bit lang war. Man sprach auch von einer Länge von einem oder zwei Wörtern. Der Rechner konnte bis zu 512 Wörter lange Aufgaben erfüllen. Später waren bis zu 800 Wörter möglich.

Die Maschine beherrschte das Addieren, Subtrahieren, Multiplizieren sowie eine Kombination aus Multiplikation und Addition. Außerdem konnte er unter anderem eine Goto-Funktionalität ausführen. Dividieren war mit dem EDSAC-Computer nicht möglich. Immerhin stellte er mehrere Divisions-Subroutinen bereit. Einzelne Rechenschritte wurden in je 1,5 Millisekunden ausgeführt. Bei Multiplikationen dauerten sie jedoch viermal so lange.

Erste Befehle wurden über fest verdrahtete Schalter in den Computer eingegeben. Sie wurden in ein nur wenige Wörter fassendes Memory geladen. Das erste so im Mai 1949 geschaffene Programm war gerade einmal 31 Wörter lang. Man spricht von der Geburtsstunde der Programmiersprache Assembler. In Folge wurden mit dem EDSAC-Computer viele Grundlagen für die spätere Softwareentwicklung geschaffen.

Der Computer wurde von den Mitgliedern der Universität benutzt, um reale Aufgaben zu lösen. Dazu mussten sie zunächst die dafür erforderlichen Assembler-Programme schreiben und sie auf Lochstreifen übertragen. Diese wurden der Reihe nach in den Rechner gelegt. Hatte EDSAC eine Aufgabe erledigt, legte eine Bedienperson den nächsten Lochstreifen ein. So wurden die Aufgaben nach und nach abgearbeitet.

Strich für Strich

Die beiden US-Amerikaner Norman Joseph Woodland und Bernard Silver waren die Erfinder des Strichcodes, auch Barcode genannt. Damit wollten sie das Identifizieren von Artikeln und so das Handling an Supermarktkassen vereinfachen. Der Barcode besteht aus verschieden breiten Strichen und Abständen zueinander. Diese entsprechen binären Symbolen, die zusammen eine optoelektronisch lesbare Schrift ergeben, die maschinell erfasst und ausgewertet werden kann – etwa indem die Kasse auf der Rechnung nicht nur den Namen des Artikels, sondern auch den ihm zugeordneten Preis ausweist. Mit dem Strichcode wurde somit die Grundlage zur digitalen Erfassung von Artikeln geschaffen.

Obwohl der Barcode bereits 1949 auf seine Praxistauglichkeit getestet und 1952 patentiert wurde, dauerte es bis in die 1970er-Jahre, bis sich Handelsunternehmen für ihn zu interessieren begannen, was nicht nur damit zusammenhing, dass die Lesetechnologie an den Kassen erst perfektioniert werden musste. Auch die Hersteller mussten erst davon überzeugt werden, ihre Produkte mit einem Strichcode zu versehen.

Im Laufe der Zeit wurden verschiedene Strichcodes entwickelt, die für unterschiedliche Aufgaben genutzt werden.

O’zapft is!

Das Münchner Oktoberfest wurde erstmals 1810 begangen und zählt seit damals zu den jährlichen Veranstaltungshöhepunkten der bayerischen Landeshauptstadt.

1949, nach dem Krieg, wurde die alte, lieb gewonnene Tradition neu belebt. Nach elf Jahren Wartezeit hieß es am 17. September um 12 Uhr wieder: »O’zapft is!«

Auf über 250.000 m² konnten sich die Wiesnfestbesucher an den mehr als 300 Schaustellergeschäften und 100 Ständen erfreuen. Parallel zum Oktoberfest fand auf der Theresienwiese die erste große deutsche Landwirtschaftsschau nach dem Krieg statt, was die Stadtväter von Millionen von Besuchern ausgehen ließ. Das Maß Bier kostete 1949 2 DM, ein Brathühnchen mindestens 6 DM.

Wie der Münchner Stadtchronik zu entnehmen ist, gab es beim ersten Nachkriegs-Oktoberfest auch gleich einen handfesten Skandal. Das Ernährungs- und Wirtschaftsreferat der Stadt München hatte Strafanzeige gegen den verantwortlichen Brauleiter des staatlichen Hofbräuhauses wegen Vergehens gegen das Lebensmittelgesetz erstattet. Auf der Wiesn wurde nämlich ein Verschnittbier mit einem Alkoholgehalt von 12,5 bis 12,8 Prozent als Märzenbier verkauft. Allerdings darf Bier mit weniger als 13 Prozent Alkoholgehalt nicht als Märzenbier bezeichnet werden.

Hoch hinaus

1949 war der Wiederaufbau in Deutschland längst noch nicht abgeschlossen. Es ging nicht nur darum, während des Kriegs zerstörte Bauten wiederzuerrichten, wegen der Neuzuwanderer aus dem Osten brauchte es zudem mehr Wohnraum als zuvor. Da war vor allem schnelles Bauen gefragt.

1949 entwickelte der Bauunternehmer Hans Liebherr gemeinsam mit Konstrukteuren und Handwerkern den ersten mobilen Turmdrehkran, der sich schnell zu Baustellen transportieren und ebenso schnell auf- und wieder abbauen ließ. Damit trug er entscheidend zur Beschleunigung der Bauarbeiten bei.

Der TK10, so die Typbezeichnung des ersten mobilen Turmdrehkrans, wurde 1949 auf der Frankfurter Herbstmesse präsentiert, fand aber kaum Beachtung. Erst Wochen später gingen die ersten Bestellungen ein. Der erste TK10 wurde zum Wiederaufbau des Rathauses von Wiesbaden eingesetzt. Außer ihm wurden vier weitere dieser Kräne gebaut.

Der TK10 war mit einem elektrischen Schienenfahr- und Hubwerk ausgestattet. Sein Getriebe bestand aus offen liegenden Zahnrädern. Der Kran wurde über Handräder bewegt. Seine maximale Tragkraft lag bei 2.000 kg bei 4,5 m Abstand. Bei 16 m Abstand konnte er immerhin noch 650 kg heben.

Der TK10 revolutionierte nicht nur den Baustellenalltag, er bildete auch die Grundlage für Liebherr als Baumaschinenhersteller.